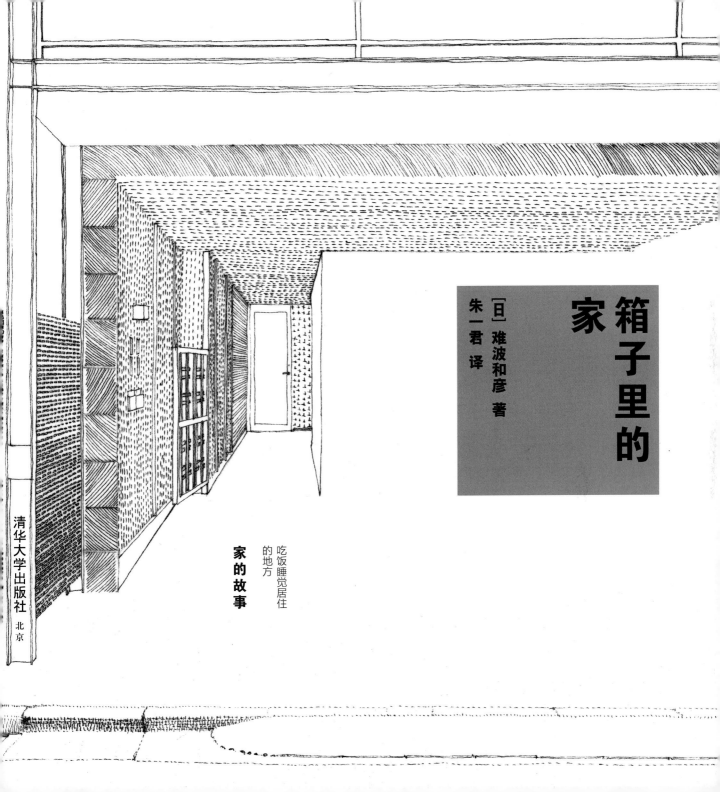

箱子里的家

〔日〕难波和彦 著

朱一君 译

家的故事

吃饭睡觉居住
的地方

清华大学出版社

北京

这本书的写作目的是从根本上重新思考现代住居的应有状态。首先，让我们从探索古今东西的"家的原型"，也就是住居的起源开始吧。在日本，最有名的"家的原型"，是在登吕遗迹复原的绳文时代的竖穴式住居。镰仓时代鸭长明所著的《方丈记》中记载的方丈之庵（约三米见方），也可以被称为"家的原型"吧。

In this book I want to think fundamentally how we should design the contemporary housing.

At first I want to start the research of the prototype house. The most famous one in Japan is the ancient house in Toro remains.

Another one is the Houjou 3m×3m house in Houjou-Diary written by Kamo-no-Chomei.

An architectural historian argued that there are two prototype houses, "found cave" and "built tent".
The most famous one in Europe is "the primitive hut" proposed by the French priest Marc-Antoine Laugier in 18th century.

有一位建筑史学家曾说，"家的原型"可以分为"被发现的洞窟"和"被建造的帐篷"两种类型。在西欧，18世纪马克·安东尼·洛吉耶神父以希腊神庙为蓝本提出的"家的原型"最为有名。19世纪的维也纳建筑学家戈特弗里德·森佩尔主张，"家的原型"由"基础、屋顶、覆层、火炉"四个要素构成。

3

4

Le Corbusier designed Villa Savoye
according to "Domino system" as
the prototype house.
Mies van der Rohe designed
Farnsworth House as the prototype
house by steel frame structure.

　　勒·柯布西耶将近代技术下的"家的原型"命名为"多米诺"体系，依据这一体系设计出萨伏伊别墅，并提出"住宅是居住的机器"的主张。密斯·凡·德·罗在美国设计了可以被称为钢结构"家的原型"的范斯沃斯住宅。

最激进的"家的原型"的提案，来自美国建筑学家巴克敏斯特·富勒。他在第二次世界大战之后，提出了应用航天技术量产杜拉铝住宅的方案，这一理念的代表性住宅是威奇托屋。在日本，"二战"后的现代主义代表建筑学家池边阳提出了紧凑型"立体最小限住宅"的方案，这个最小限度的住宅的建筑面积为十五坪（约49.5平方米）。

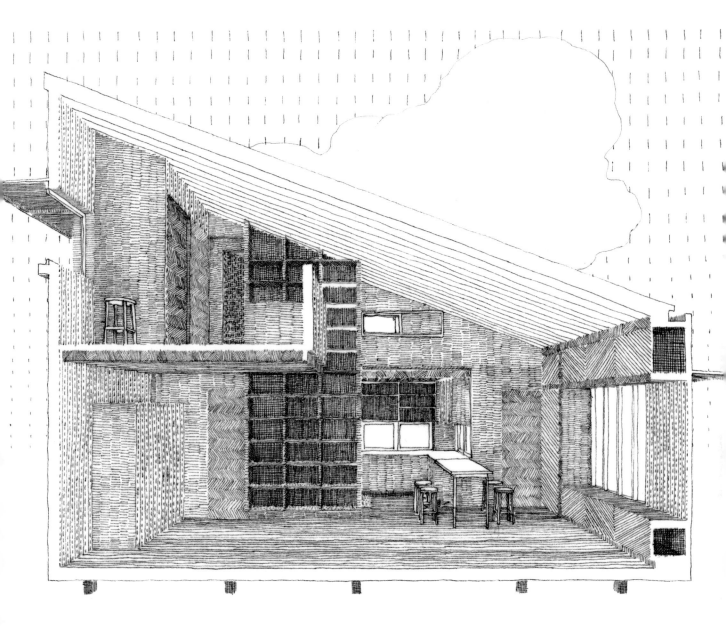

Richard Buckminster Fuller proposed the most progressive
one in USA, the aluminum mas production house using the
aircraft technology.
Kiyoshi Ikebe designed " 2-story minimum house" just after
the World War II in Japan.

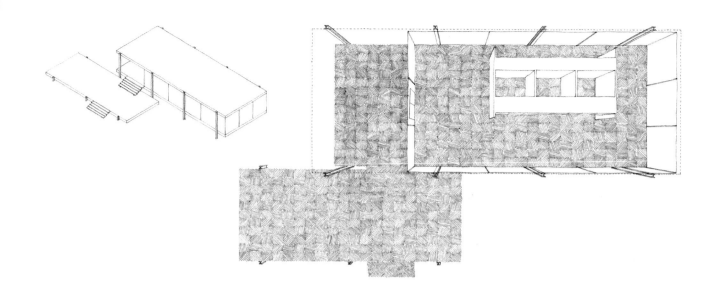

从各种各样的"家的原型"，我们可以推导出它们的共同特征。第一，无论规模大小，室内都是基本上没有隔断的"一室空间"。第二，室内空间都向外部开放。第三，即使材料和结构不同，外观全都是简洁明了的形式。第四，"家中布置着象征'火炉'的水与火的设备"。

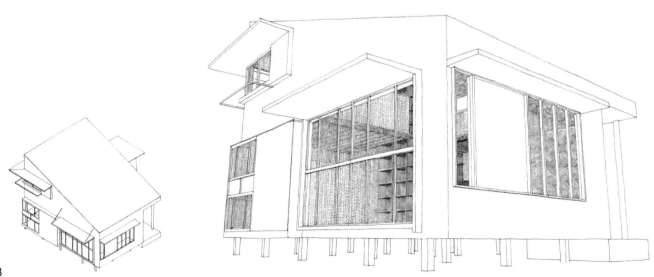

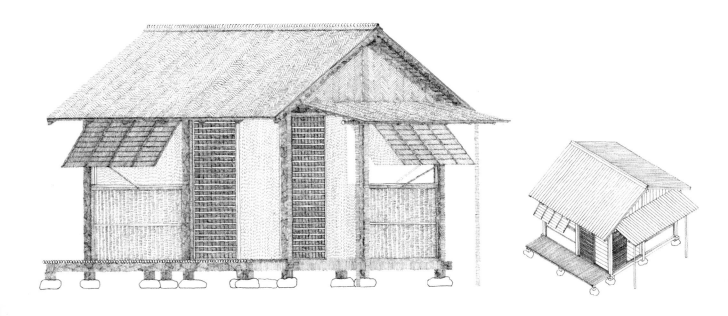

We can abstract the four common factors
from these various prototype houses.
The first factor is one-room space with no
partition.
The second factor is that the interior space is
always open to the outside space.
The third factor is the compact and simple
form.
And the fourth factor is that there is always
the fire and water device in it.

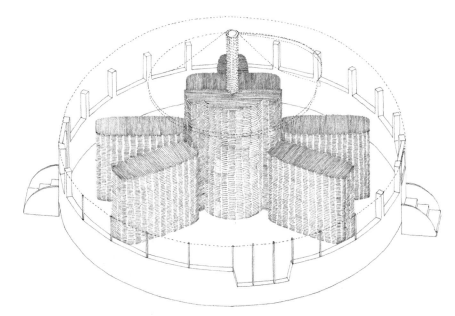

10

These four factors are also the conditions of the contemporary house. The first is the structural system that stands gravity, wind and earthquake. The second is the shelter protecting inner space from hot and cold weather, rain, wind and noise.

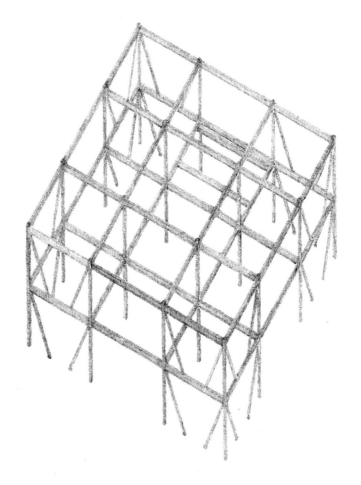

　　现在，让我们试着将这几个"家的原型"的特征运用到现代的住宅中。第一，家必须耐震、抗强风。为此，基础、木材、铁骨、混凝土等结构材料所组成的结构体系必须牢牢扎根在土地上。第二，必须能够隔绝风雨、寒暑、噪声等不利环境条件，从而保护内部空间。为此，必须要有结实而耐久的外装材料，以及将材料组织起来的合适的方法。

House has always windows open to outside. Window is a kind of shelter. Window accepts the direct sunlight in winter and shut out it in summer in Japan.

Also window introduce wind in spring and autumn.

House is a kind of device controlling the interior climate.

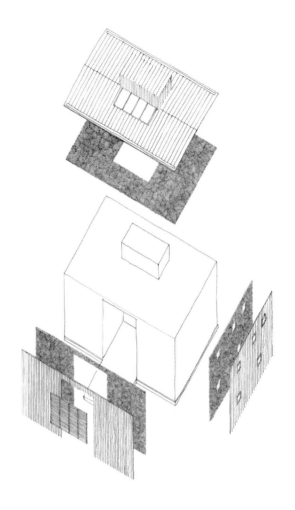

　　玻璃窗和门让室内与外界连通，是必不可少的。而门窗也必须具备提供庇护的功能。阳光通过玻璃窗照射进屋内，不仅带来了光亮，还带来了热。日本的春夏秋冬变化分明，夏天要隔绝日晒，冬天要吸收阳光，因此屋檐和百叶窗需要用心设计。春天和秋天的时候，室内需要多通风。家，是可以调控室内气候的"装置"。

"家的原型"最重要的特征是一室空间。连通的住宅空间将家庭成员联系在一起，可以灵活地应对家庭成员的构成和生活方式的变化。综上所述，我们可以得出"家的原型"有四大条件。第一是物理性，也就是建筑材料和结构体系。第二是环境性，也就是室内气候的调控。第三是功能性，也就是一室空间住宅。第四是符号性，也就是将以上三个条件包裹其中的单纯明快的形态。

The most important condition of prototype house is one-room house.

The one-room house combines the family members and adopts the change of lifestyle.

Above mentioned we can see that the prototype house has four conditions in it.

The first is physical, namely materials and structural system.

The second is environmental, namely controlling interior climate.

The third is functional, namely one-room living.

And the fourth is semiotic, namely simple form uniting these three conditions.

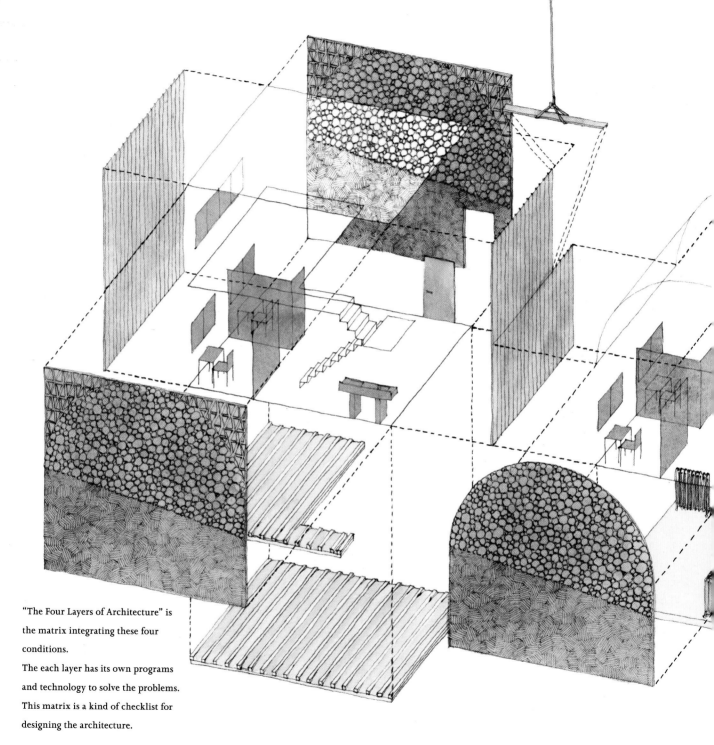

"The Four Layers of Architecture" is the matrix integrating these four conditions.

The each layer has its own programs and technology to solve the problems. This matrix is a kind of checklist for designing the architecture.

将"家的原型"中的四个必要条件——物理性、环境性、功能性和符号性整理之后，我们可以得出"建筑的四层结构"。在设计和建造家的时候，我们可以分别探讨这四个条件。因为，每个条件都是各自独立的课题，也有各自的解决技术。要建成一个家，必须将这四个条件以单纯明快的形式统合在一起。

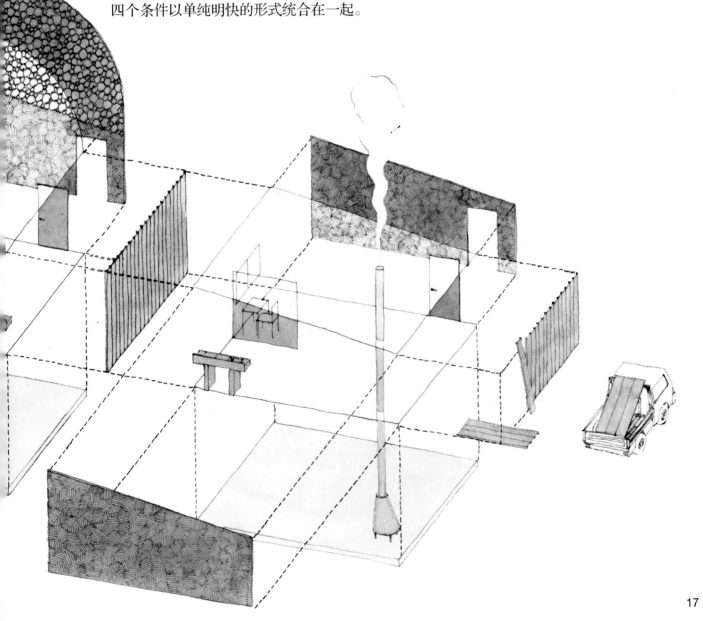

　　家是街道的一部分，许许多多的家聚集在一起，便形成街道。家要向街道开放，并与街道联系在一起。为了守护我们的家，最好的方法并不是把环境封闭起来。如何通过开放的方式，将街道转变为安全的空间，这是我们需要思考的重要课题。如果家中设置了办公场所或者店铺，家和街道间的联系会变得更加紧密。

A house is a part of a town and should be open to the street.
And a house is connected to the street and makes the street safe and pleasant.
A house with workshop or small store will be connected more strongly to the street.

Box-House001 was designed according to the matrix of the Four Layers of Architecture. This house is located in the residential area and for the couple and three children. This house has large window facing south and open to the street.

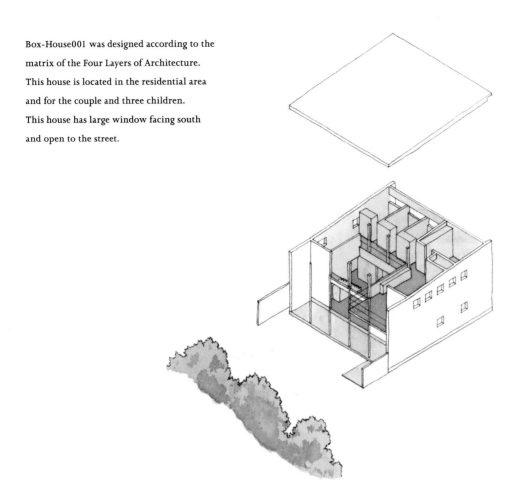

　　"箱子里的家001"（1995年）就是根据"建筑的四层结构"设计的。这座房子位于市中心的住宅区，房子的主人是由一对夫妇和三个孩子组成的五口之家。房子通过南向的大玻璃门朝外界开放。大玻璃门前方是住宅区里的一条通学路（车少、能保证孩子上下学安全的道路）。这条路比较窄，来往车辆也不多。在道路的南侧有一道围墙，围墙内是一处绿意盎然的庭院。一眼看过去，这个家似乎没有什么私密性，但如果将窗户关上、窗帘拉上，私密性上就没有任何问题了。

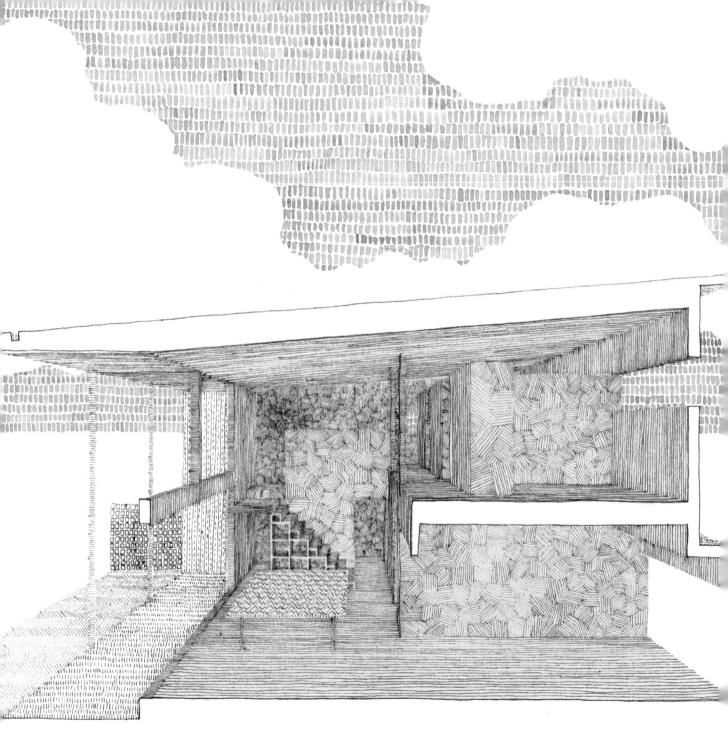

The structural system of this house is made of the traditional timber frame structure.

The shelter is made of sustainable materials.

The deep eave and the two side-walls control the sunlight and the inner void space invites the natural wind.

The interior space is almost one room with minimal partions.

And this house designed according to the Japanese traditional module into the simple box.

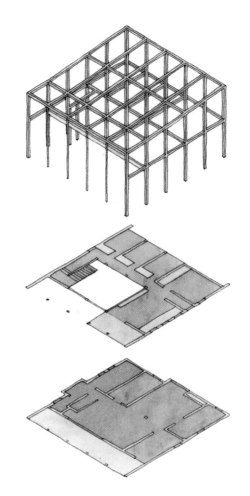

　　这座房子采用的是木结构的传统做法。外装使用了易于维护、性价比高的材料（第一层）。深远的屋檐和侧墙遮蔽了直射的阳光。房子内部是有吹拔（一楼与二楼之间不完全隔开，有一部分做成直通的样子）的一室空间，自然风可以穿堂而过。吹拔上方如果有设备井的话，可以实现更为有效的自然通风效果（第二层）。室内是由最小限度的隔断分隔出来的一室空间（第三层），是基于传统的尺寸模度设计的。外形是简洁的箱子形状（第四层）。

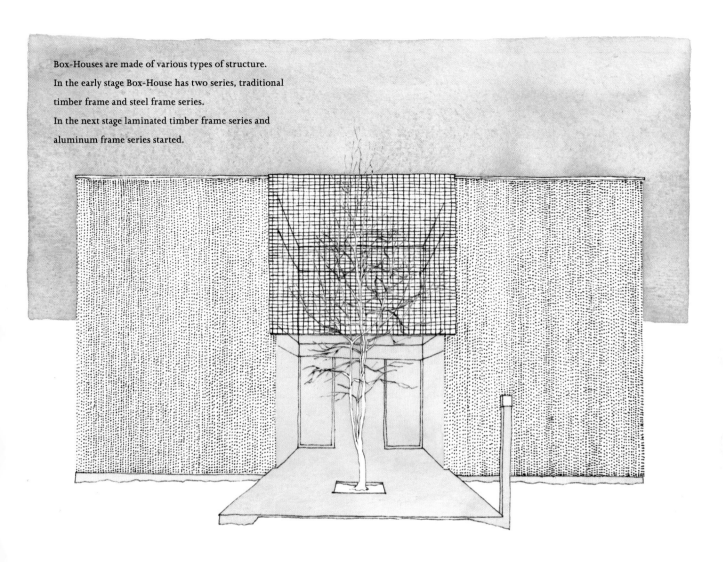

Box-Houses are made of various types of structure.

In the early stage Box-House has two series, traditional timber frame and steel frame series.

In the next stage laminated timber frame series and aluminum frame series started.

    我们尝试过用各种结构材料来建造"箱子里的家"。初期采用的两类分别是木结构的传统做法和钢框架结构的做法。之后，我们使用集成材料，用一种新的做法来代替上述两种类型。最近，我们开始尝试将铝合金运用到木结构中，建造出实验性的住宅。钢结构系列有室内外间易于热传导的热桥问题（因为建筑材料的特性，在室内外温差的作用下，会发生墙体发霉、渗水的情况，影响建筑的保湿、节能），为此我们开发了解决热桥问题的做法。

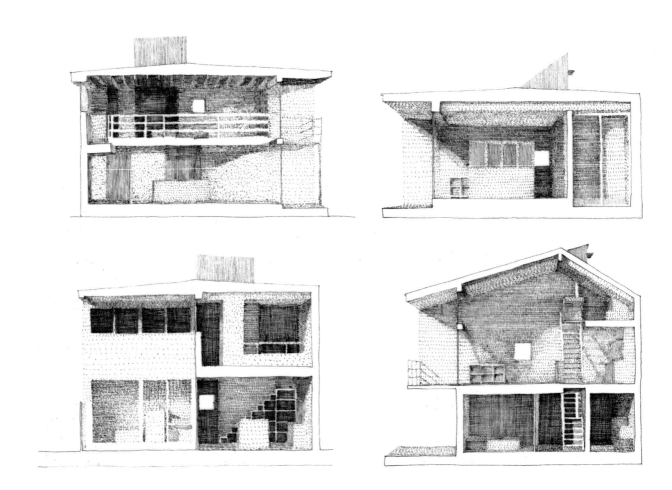

　　2011 年 3 月 11 日，日本东北部地区发生大地震。灾后复兴需要建造大量住宅。复兴住宅，应当是低能耗、紧凑型的住宅。复兴住宅应当聚集起来，形成街道。此外，由于日本东北部地区气候寒冷，住宅的屋顶和外墙必须具备优良的隔热性能。基于这些条件，我们开发出了"紧凑型箱子里的家"，也就是将"箱子里的家"缩小了一圈。

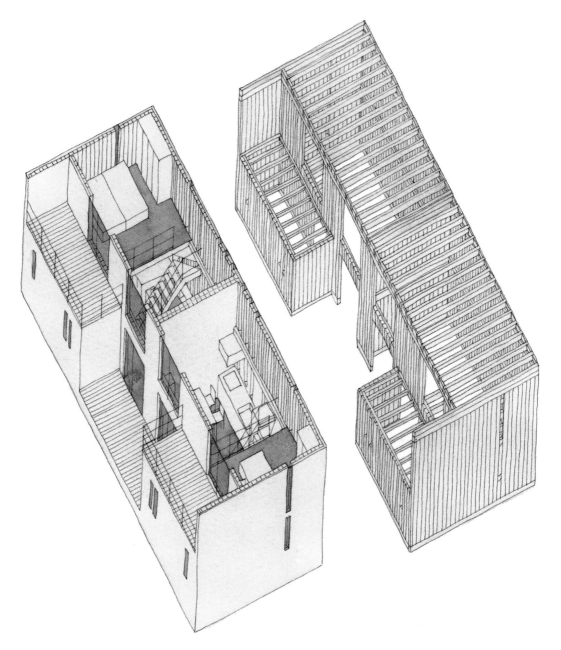

At March 11th 2011 the enormous Tsunami destroyed Tohoku area, north-east Japan.

We have to reconstruct housing and towns in this area as soon as possible.

The reconstruction housing should be low-cost and compact.

We developed "Compact Box-House Series" for the reconstruction housing.

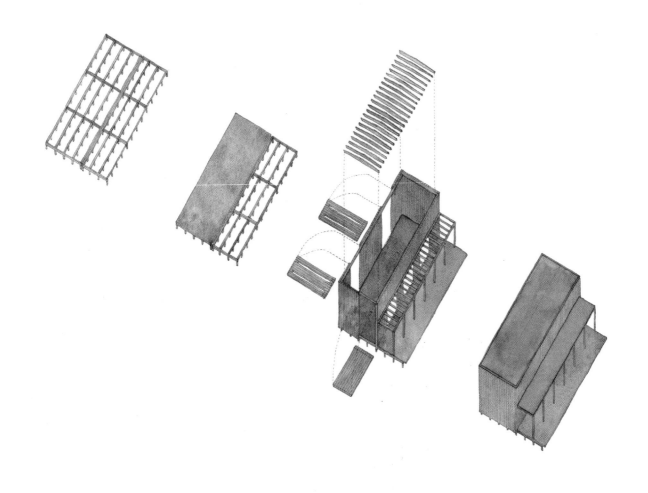

  在岩手县釜石市的公园中，我们建造了供市民使用的两栋小型会堂。这也是灾后复兴工作的一部分。会堂的外观是面宽六间、进深两间的小箱子，前面带着进深一间的屋檐。会堂用的是杉木。通常在建造原木住宅时，杉木是横向摆放的。而这里我们将杉木纵向排列，搭成这些临时建筑。木材表面经过烘烤处理，用于结构、外装和内装。屋顶由黑色的幕布覆盖，地板用的是经过烘烤处理的桧木方材。这两个箱子，我们将它们命名为"釜石箱"。"釜石箱"是结构更为先进、性能更为卓越的复兴住宅的原型。

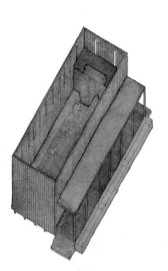

Also we constructed the small meeting house in the park of Kamaishi
City, Iwate prefecture.
This meeting house is a small box made of roasted ceder logs.
We call this temporary building " KAMAISHI BOX "
We are going to made the construction method of " KAMAISHI BOX "
evolve to the prototype of reconstruction housing.

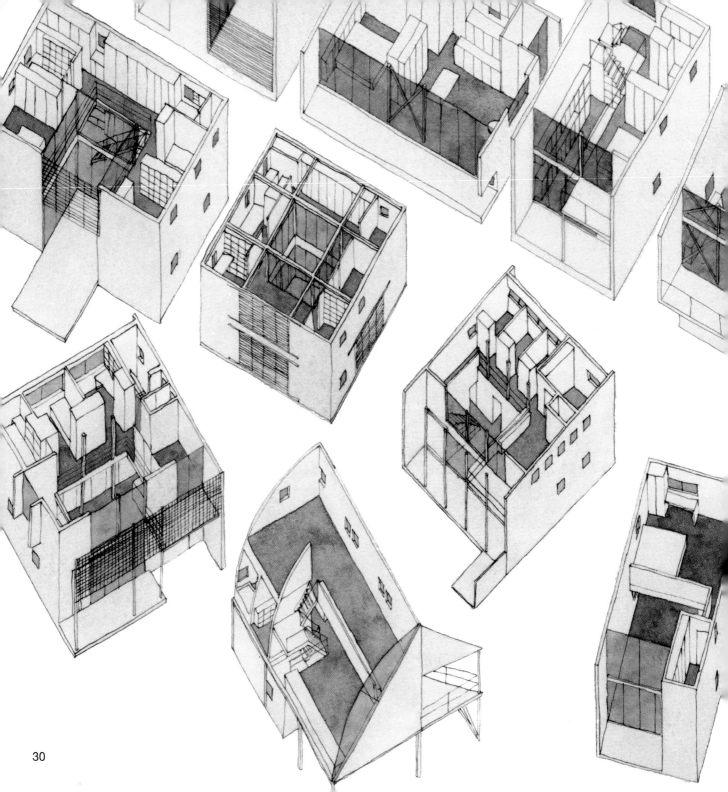

解说

与难波和彦先生对谈

田中元子

相信人的力量的家

为何需要“住宅原型”

如果说，可以将建筑家分为两种人——中规中矩设计房子的人和不懈探寻建筑世界的研究者，那么难波和彦先生可能就是一位研究型的建筑家。人的想象力总是与现实战斗，并试图超越现实。人无时无刻不处在变化之中，因此，家庭这一最小的社会组织所生活的空间——也就是住宅，不论采用何种结构、何种材料，或许都无法做到尽善尽美。即便如此，难波先生仍不懈地挑战，试图创作出更好的住宅。和难波先生一样的建筑家和研究者还有很多，他们都在孜孜不倦地追求“住宅原型”，这是为什么呢？

首先，让我们回顾一下本书的内容。从日本绳文时代的竖穴式住宅可以看出，“住宅原型”最初就是为了将人从外界中保护起来，是一种很直接的形式。可以说在当时的条件下，住宅必须建造成这样。后来，随着技术和材料的进步，住宅建造也进入了新时代，人类可以自由建造各种形式的住宅了。所以，如今我们可以根据自己的喜好，来建造自己的家。“住宅原型”也从被动的地位，变成了展现新时代需求的蓝本。

即使我们有能力随心所欲地创造建筑，却仍需要“住宅原型”，无疑是因为，“住宅原型”中，凝结了那个时代的可能性和必然性。我们希望有一个坚固的庇护所，但同时也希望能舒适畅快地呼吸到户外的空气；我们渴望有个人的私密空间，但也渴望与家人和睦地生活下去。应对这些普遍而矛盾的需求，如今，建筑可以做些什么呢？呈现它的可能性和必然性的一种回答是：各种各样的建筑学家所展示的原型（prototype）。这些 prototype 可以称为各个时代的“住宅原型”。

我们身处一个可以自由建造的时代，难波先生却恪守着自己的法则。迄今为止，他在日本建造的

150个"箱子里的家"系列作品，都使用同样的材料，遵循一室空间的基本平面布局。通过"箱子里的家"系列，难波先生呈现给我们的正是当代日本的"住宅原型"。

"箱子里的家"是转向生？

和难波先生对谈，可以看到"箱子里的家"系列作品和难波先生自身逐渐重叠在一起。在日本各地建造的"箱子里的家"，就好像四处辗转的转校生。仿佛一位热爱学习的理工科少年，他不管去哪儿，遇见的是谁，都能平静地对待，始终保持同一个表情。"箱子里的家"看起来死板，但每一个都是仔细考虑了业主的具体家庭情况，为了引导他们过上更加美好的生活而精心设计的。它们有着规矩严谨的外观，似乎不受周边环境影响。然而事实上，每一个"箱子里的家"都会根据自己所处的地段，微微调整方向、角度，营造出最舒适的生活空间。说到这里，难波先生笑道："更准确地说不是转校生，是转向生吧？"（日语中转校生和转向生是一个发音。）有的人表情多样，但是，表情的丰富和情绪的丰富是两回事。平静淡泊的人，内心可能受了伤，也可能充满喜悦。建筑也是如此。既有看起来带有戏剧性装饰的房子，也有像"箱子里的家"系列作品一样，看似面无表情，实际上是对各种问题深入思考后设计出来的。

家是解决问题的方案

"箱子里的家"是运用了标准化的建筑结构和素材、材料等进行设计的，与之相对，有的建筑设计是从零开始的。如果设计的时间限定相同，那么相比之下，采用"箱子里的家"的设计方法，可以有更多的时间来关注使用者，因为许多事情都预先规定好了。而从零开始做设计，结构、素材等都必须一件一件从头讨论。

建筑家难波和彦先生的"箱子里的家"是直面建设用地、家庭、社会等各种因素后得出的结果，外观看似一样，实则各不相同。"箱子里的家"似乎给人单一模式标准化生产的印象，但它们的存在理由恰恰完全相反。每一个作品，都是针对每户人家所出现的独一无二的问题而提出的解决方案，是设计师智慧的结晶。

权限转让的建筑

通过建筑能做些什么？当我们讨论这个问题的时候，每个人的答案可能都不一样吧。我认为，"箱子里的家"最值得称道的，是在可以毫无障碍地进行建造的现代社会，仍然保留了建筑的谦逊。如今的建筑可以是各种奇异的造型，建造技术也发展到巨细靡遗。但是，无论造型多么奇特，如果不能满足人们的使用要求的话，也可能成为悲剧的产物。"箱子里的家"致力于实现的，就是要通过建筑，让人们过上舒适的生活。在这样的居所中，人们可以自己去探索居住的感受，与家人一起规划愉快生活的准则，可以摆放一些绿植，隔一段时间改变一下房间的陈设，等等，主动地与建筑互动、磨合，以寻找到最舒适的生活方式。这样的建筑不出风头，却很好地承担起自己的责任，并将权限交给了使用者。这可能是因为建筑师相信，人们有主动生活的力量。"箱子里的家"就如同一块崭新的、质地优良的画布，在画布上描绘出生活图景的，是在其中安居的人。"箱子里的家"是完全遵循逻辑、基于理论的建筑。但它最终营造出来的，却是一种不需要解释的令人神清气爽的自由。

再次回顾本书，我们应该可以理解，所谓"住宅原型"，在任何时代，都是自由的，是可以激发出人的潜能的。或许，这也是建筑从业者们一直在追求"住宅原型"的原因。无论什么时代，建筑都只有一种，那就是以让人感到幸福为目标而缜密思考的建筑。

难波和彦（KAZUHIKO NAMBA）

  1947 年生于日本大阪。1969 年，东京大学工学部建筑学科毕业。1974 年，东京大学大学院（东京大学生产技术研究所池边阳研究室）博士课程毕业。同年和石井和紘共同开设 LANDIUM。1977 年，设立界工作舍。1996 年，设立（株式会社）难波和彦·界工作舍，2000—2003 年，大阪市立大学建筑学科教授。2003—2010 年，东京大学大学院建筑学专业教授。2010 年，东京大学名誉教授。2013 年至今，放送大学客座教授。主要作品有田上町立竹的友幼儿园、CIXM 家具工场、二天门消防支署、Naobi 幼儿园、atago 深谷工场、"箱子里的家"系列、福岛复兴住宅，等等。主要著作有《箱宅——走向生态住宅》（2006/NTT 出版）、《建筑的四层结构——关于可持续设计的思考》（2009/INAX 出版）、《新住宅的世界》（2003/放送大学教育振兴会）等。

田中元子（MOTOKO TANAKA）

  撰稿人、创意活动促进者。1975 年生于日本茨城县。自学建筑设计。1999 年，作为主创之一，策划同润会青山公寓再生项目"Do+project"。该建筑位于东京表参道。2004 年与人合作创立"mosaki"，从事建筑相关书刊的制作，以及相关活动的策划。工作之余开设"建筑之形的身体表达"工作坊，提倡边运动身体边学习建筑，并将相关活动整理出版为《建筑体操》一书（合著，由 X-Knowledge 出版社 2011 年出版）。2013 年，获得日本建筑学会教育奖（教育贡献）。在杂志《Mrs.》上发表连载文章《妻女眼中的建筑师实验住宅》(2009 年至今，文化出版局出版）等。http://mosaki.com/

后　记

　　我从 1995 年开始，设计了一系列名为"箱子里的家"的住宅。通常情况下，住宅是受人委托，按委托人的要求进行设计的。但是"箱子里的家"的情况是，先由我来提出关于住宅应有状态的基本想法，如果委托人赞同并接受这些想法，那么我再针对委托人的需求展开具体设计。每所住宅都是特殊的，里面生活着不同的家庭，住宅所处的地理环境也都不一样。那么，为什么要先向业主们展示我所设定的条件呢？因为我认为，与现代生活相适应的住宅应该具备一些最基本的条件。

　　正如正文所叙述的，有四个条件。第一，使用易于维护和持久耐用的材料。第二，尽可能地引入自然能源。第三，尽量减少隔断，维持一室空间格局。第四，将以上三个条件以简洁的箱形整合在一起。一言以蔽之，以上的四个条件指出了什么是可持续住宅。我将这四个条件命名为"建筑的四层结构"，作为建筑设计的理论根据追寻至今。

　　2011 年 3 月 11 日的东日本大地震，成为从根本上进一步探讨"箱子里的家"和"建筑的四层结构"的重要契机。我一边参与临时住宅和复兴住宅的规划，一边重新检验以往关于住宅的思考，并试图将其发展为与复兴住宅相匹配的理论。为此，我追溯了历史上的"家的原型"，重新检验"建筑的四层结构"。正好那时，真壁智治先生邀请我写这本书。于是，我从"家的原型"中提取出"建筑的四层结构"，开始写一个与"箱子里的家"的概念联系起来的故事。为了将这个故事表现为看得见的图画，我们尝试过很多次。最终，年轻建筑家堀越优希以独特的笔触将我的想法描绘了出来。这些图画一眼看过去与"箱子里的家"形成了鲜明对比。但是，它们唤起了我无意识中的建筑感性，十分具有启发意义。

　　对我来说，这是让我迈出崭新一步的绘本。我要向与我合作的众多同仁们表示感谢。真心谢谢你们。

难波和彦

2013 年 12 月

北京市版权局著作权合同登记号　图字：01-2018-3292

家の理 / Ie no Kotowari
著者：難波和彦
絵：堀越優希
プロジェクト・ディレクター：真壁智治
解説・建築家紹介：田中元子 [mosaki]

图书在版编目（CIP）数据

箱子里的家 / （日）难波和彦著；朱一君译. —北京：清华大学出版社，2018
（吃饭睡觉居住的地方：家的故事）
ISBN 978-7-302-50493-1

Ⅰ. ①箱… Ⅱ. ①难… ②朱… Ⅲ. ①住宅－建筑设计－青少年读物 Ⅳ. ①TU241-49

中国版本图书馆CIP数据核字（2018）第136949号

责任编辑：冯　乐
装帧设计：谢晓翠
责任校对：王荣静
责任印制：杨　艳

出版发行：清华大学出版社
　　　　　　网　　址：http://www.tup.com.cn,　　http://www.wqbook.com
　　　　　　地　　址：北京清华大学学研大厦A座　　邮　编：100084
　　　　　　社总机：010-62770175　　邮　购：010-62786544
　　　　　　投稿与读者服务：010-62776969, c-service@tup.tsinghua.edu.cn
　　　　　　质量反馈：010-62772015, zhiliang@tup.tsinghua.edu.cn
印装者：小森印刷（北京）有限公司
经　销：全国新华书店
开　本：210mm×210mm　　　　**印　张：**2　　　　**字　数：**41千字
版　次：2018年10月第1版　　　　**印　次：**2018年10月第1次印刷
定　价：59.00元

产品编号：070028-01